怎麼會這麼萌？

——動物寶寶寫真書

文字 張東君
攝影 黃奕寧、詹德川
彙編 財團法人臺北動物園保育教育基金會

目次

臺灣黑熊 4
馬來貘 8
羊駝 12
老虎 16
穿山甲 20
鼬獾 24
刺蝟 28
白犀牛 32
河馬 36
歐亞水獺 40
無尾熊 44
大貓熊 48
鴕鳥 54
長鼻浣熊 58
大紅鶴 62
白手長臂猿 66
國王企鵝 70
獅子 74
兔子 80
臺灣野豬 84
小貓熊 88
松鼠猴 92
北非髯羊 96
環尾狐猴 100
臺灣獼猴 104
臺灣野山羊 108
大赤鼯鼠 112
山羌 116
北美浣熊 120
長頸鹿 124

食肉目熊科

臺灣黑熊

（臺灣特有亞種）

瀕臨絕種保育類

學名 *Ursus thibetanus formosanus*

分佈 臺灣的海拔一千～三千五百公尺森林地帶

體長 一・二～一・五公尺

台北動物園裡這隻黑熊的名字叫黑糖，是網路投票的結果。不過，原本一直保持領先的名字，是既本土又有總統味的「歐米馬」。在動物園舉辦的黑糖周歲慶生活動，澎湖縣政府也派人帶了兩百份的黑糖糕到動物園跟遊客分享，讓場面變得很溫馨又很可口……。

臺灣黑熊是個令人心生嚮往卻又有點害怕的物種，但其實黑熊是偏植食的雜食性動物，牠們怕人比人怕熊還多得多。只是，這種害怕也顯示出我們對臺灣黑熊瞭解少之又少。

奇蹄目貘科

馬來貘

瀕臨絕種
保育類

學名 *Tapirus indicus*

分佈 亞洲東南部

體長 一·八~二·四公尺

很多人都不知道馬來貘在小時候長得跟爸媽完全不一樣，不過請不要說這叫「變態」，因為牠們只是改變身上的斑紋而已。

照片中的馬來貘寶寶已經可以看出身上的白色「肚兜」，到了這個階段，牠會跟在媽媽後面下水游游泳，上岸趴趴走，或是躲在樹蔭下讓遊客找不到牠在哪裡，然後，體會到馬來貘寶寶身上條紋到底扮演了什麼作用。

羊駝

偶蹄目駱駝科

學名 *Vicugna pacos*

分佈 南美大陸

體長 大約二公尺

每次在動物園裡聽到有遊客在問：「草泥馬在哪裡？」的時候，我就會忿忿不平地插嘴說：「羊駝在兒童動物園區，請不要叫牠草泥馬。」

羊駝那不太成比例的脖子、身體、腳跟蓬蓬的毛，嚼個不停的嘴巴都非常具有喜感。牠們除了當馱獸之外，剃下來的毛織成的衣物也非常保暖，是很有用的家畜。

老虎

食肉目貓科

學名 *Panthera tigris*

分佈 亞洲的森林、雨林、草地、沼澤

體長 雄性二・七～三・一公尺；雌性二・四五～二・六五公尺

十二生肖中最威武雄壯的非老虎莫屬。不過，武松打的是東北虎，和少年Pi當朋友的是孟加拉虎。

愛玩鬧的小老虎們會從遊戲的過程中，習得捕獵的技巧。可惜牠們的數量越來越少。幾年前曾統計，全世界野外老虎總數已經低於三千兩百隻，而這個數字仍在持續下降。「美麗是一種錯誤」——這根本是以老虎為首許多野生動物的寫照啊！

鱗甲目穿山甲科

臺灣穿山甲（臺灣特有亞種）

瀕臨絕種保育類

學名 *Manis pentadactyla pentadactyla*

分佈 臺灣

體長 四十四～五十六公分

「盔甲精靈」是動物園對臺灣穿山甲的形容詞。第一次看到臺灣穿山甲的人，會因牠身上滿滿都是鱗片，而誤以為牠是爬蟲類。對於有密集恐懼症的人來說，那層層疊疊的鱗片的確令人不敢正視。不過，在鱗片下方的毛髮說明了牠是「哺乳類」。

臺灣穿山甲寶寶會趴在媽媽的尾巴上，讓媽媽帶著到處走，這點跟食蟻獸倒是很像；當然，都是「無齒之徒」的特點也是一樣。不過，穿山甲只有非洲跟亞洲才有，食蟻獸和犰狳則是分布在美洲。牠們在不同大陸上，佔據著相同的生態棲位，扮演著類似的角色。

食肉目貂科

鼬獾（臺灣特有亞種）

學名 *Melogale moschata subaurantiaca*

分佈 臺灣低中海拔山區、林地、草地

體長 三十三～三十四公分

非保育類野生動物

鼬獾真是種很哀怨的動物，明明就是臺灣特有亞種，卻一直默默無名，在大多數時候，被人和白鼻心搞混，而這也讓這兩種動物在ＳＡＲＳ跟狂犬病騷動時都非常倒楣，不管在「獵巫」時，打到「正主」或是「錯殺無辜」，總之遭殃的都是這兩種臺灣的特有亞種。

其實要分辨牠們非常簡單，因為白鼻心的「鼻心」是白色的「實線」，鼬獾的則是「虛線」。

刺蝟

食蟲目蝟科

學名　*Atelerix albiventris*

分佈　非洲

體長　三〇～五〇公分

在很多演講場合中，不論簡報中放的是「豪豬」、「針鼴」的照片，或是其他身上有長針、短針的動物照片，台下聽眾一律都是大喊：「刺蝟！」可見得牠們受歡迎程度有多高！不過，牠們縮成一團，像個刺球或插滿針的針墊的樣子，的確會讓看到的人散發出滿眼的愛心符號。

請不要誤會，這並非要推廣養刺蝟當寵物，可是在下班下課後，看到一隻刺蝟跑來跑去、吃吃蟲、跑跑輪子，的確很療癒啊！

奇蹄目犀牛科

白犀牛

瀕臨絕種
保育類

學名 *Ceratotherium simum simum*

分佈 非洲

體長 三・三五～四・二公尺

白犀牛寶寶「犀奇」會「進行奔馳的動作」，實在是人如其名，令人感到「稀奇」。某天，在雨過天晴依舊泥濘的展示場中，犀奇離開媽媽身邊，在展場中一圈一圈地跑著，真是抹煞不少人的底片。

白犀牛的中文名或是日文名都是從英文直譯，但是英文則來自一個「聽錯的誤解」。因為牠們其實是叫「whine rhino」——「方嘴犀」，只是聽的人聽成「white rhino」，於是從此牠就叫「白犀牛」……。

河馬

偶蹄目河馬科

學名　*Hippopotamus amphibius*

分佈　撒哈拉南部到尼羅河三角洲

體長　二・七～三・五公尺

珍貴稀有保育類

「河馬張開口吞下了水草，煩惱都裝進牠的大肚量。」在原生棲息地的河馬，在晨昏時會吃岸邊的植物，張開大口吃的時候，會不會連煩惱都吞下去呢？沒人能確定。不過公河馬倒是會互相比比看，誰能把嘴巴張得比較大？張得大的就是贏家，省下打架的時間與精力，還真是滿聰明的！

有些遊客會覺得動物園對河馬不夠好，讓河馬住在不太清澈的水中。但其實河馬並不喜歡太清透的水，由於牠們大部分時間都待在水裡，自然不喜歡暴露自己的身影，所以每次只要一幫河馬換乾淨的水，牠們很快就會把水弄混。

歐亞水獺

食肉目貂科

學名 *Lutra lutra*

分佈 歐洲、亞洲

體長 四十六～八十二公分

瀕臨絕種保育類

日本政府在二〇一二年底時，極為遺憾的正式宣布水獺在日本已經絕種。在那之前，有不少日本的水獺研究者，經常到韓國尋找水獺，看看水獺需要哪種棲息環境，希望在日本的類似環境中，尋找可能殘存的個體，可惜事與願違……。

而臺灣的狀況也比日本好不到哪裡去。臺灣只剩下金門還能看到水獺，可是自從金門解嚴之後，接二連三的開發，讓牠們的生存條件越來越糟，現在動物園裡的水獺兄弟「大金」和「小金」，就是救傷收容來的。看著牠們，真希望牠們能夠回家，無奈環境已經被破壞，牠們無家可歸、沒魚可吃了……。

無尾熊

袋鼠目無尾熊科

非全球性受威脅

學名 *Phascolarctos cinereus*

分佈 澳洲東部低海拔、不密集的尤加利樹林中

體長 六十五～八十二公分

無尾熊也是種光是看看就很療癒的動物，不過抱起來卻很沉、很油。動物園原本僅存一母三公的四隻無尾熊，在二〇一一年又引進了新的一公三母之後，這群生力軍真的很「用力生」，剛到臺灣就很「好孕」的生出三隻小無尾熊「Emily」、「妮可」、「咖啡派」，隔年又生了三隻，讓台北動物園的無尾熊數量創下「歷史新高」。這些無尾熊們會輪流到露天展示場曬太陽、吹風，運氣好的時候，還可以看到牠們下樹，在地面上「跑來跑去」喔！不要以為無尾熊只會睡個不停。常去，就看得見不同的畫面。

大貓熊

食肉目熊科

瀕臨絕種保育類

學名 *Ailuropoda melanoleuca*

分佈 中國四川、甘肅和陝西三省境內海拔一千四百至三千五公尺的高地

體長 一・六～一・八公尺

在圓仔還沒出生之前，曾經有人問貓熊館館長：「有沒有抱過團團、圓圓？」館長很驚訝的說：「牠們是熊耶！」（看到臺灣黑熊或棕熊、北極熊的成體，大家只會敬而遠之，不會想抱吧！）

雖然在動物分類上還有些爭議，但大貓熊和小貓熊目前還是分別在「熊科」和「浣熊科」。所以，請稱呼牠們「貓熊」，把「熊」字放後面。「熊」字在前面的熊，只有「熊麻吉」而已。

圓仔是臺灣第一隻大貓熊寶寶，即使一直都在睡覺，但就算只看到牠的背影或屁股，還是超級可愛啊！

鴕鳥

鴕形目鴕鳥科

瀕臨絕種保育類

學名 *Struthio camelus*

分佈 非洲撒哈拉沙漠南部及非洲南部，東至阿拉伯地區

體長 八〇～一三二公分

鴕鳥是世界上現存體型最大的鳥類，也有最大級的蛋。當然，孵出來的雛鳥也相當大隻，而且誕生沒多久後，就能夠跑來跑去。

縱然鴕鳥成體的個子再大，在雛鳥時代的天敵還是很多，一個不小心就會成為其他肉食動物的口下亡魂。所以鴕鳥寶寶還是得自立自強，讓自己跑得快、逃得遠才行。

而鴕鳥最吸引人的部分，是牠的睫毛。長在牠那又大又亮眼珠上的長長睫毛，真是勾魂啊！

食肉目浣熊科

長鼻浣熊

非全球性受威脅

學名 *Nasua nasua*

分佈 南美洲熱帶地區，從委內瑞拉、哥倫比亞、厄瓜多到烏拉圭及阿根廷北部

體長 四十一～六十七公分

幾年前，當台北動物園裡第一次有長鼻浣熊寶寶時，是兒童動物園區的動物管理員阿潘代為養大的，因為那時的長鼻浣熊媽媽沒辦法育幼。不過後來繁殖育兒過程就很順利，現在的長鼻浣熊家族已經有了不少成員。

一位住在巴西的朋友，曾在臉書放上一張旅遊照，照片說明是「白鼻心」，然而其實那是長鼻浣熊，他與太太得知後很驚訝，因為他們一直以為那就是白鼻心。不過白鼻心在亞洲，浣熊在北美洲，在南美洲的是長鼻浣熊。大家長得也許很像，不過真的是不一樣的臉蛋、分布在不同的地域啊！

紅鶴目紅鶴科

大紅鶴

非保育類野生動物

學名 *Phoenicopterus ruber*

分佈 主要分布在地中海、非洲大陸到印度半島

體長 約一·二～一·四公尺

基本上，剛破蛋而出的鳥寶寶，都跟親鳥長得不太像，甚至很不像，紅鶴寶寶也是一樣。牠們不是紅色的，而是灰色。

不過話說回來，紅鶴的顏色也是需要攝取食物中的甲殼素才能維持。牠們是濾食性的，靠棲息環境中的浮游生物過日子。假如在飼育狀態下缺乏甲殼素的話，身體的顏色就會逐漸變淡，顏色淡的公鳥也會比較不受母鳥歡迎呢！

靈長目長臂猿科

白手長臂猿

瀕臨絕種
保育類

學名 *Hylobates lar*

分佈 泰國、馬來半島、蘇門答臘北部、緬甸與雲南邊界等地的雨林中

體長 四十四～六十三．五公分

「兩岸猿聲啼不住，輕舟已過萬重山」，這裡的猿，就是長臂猿。在逛動物園的時候，最常聽見的那種很大聲、傳很遠的叫聲，也是長臂猿。而且是只要有一隻開始叫，就會有其他隻應和，讓人也很想學一學，跟牠們一起發出「候候候候」的叫聲。不知道牠們到底是在候誰？

有些長臂猿的媽媽不會帶小孩，動物園的區長或是管理員只好幫忙，每天把黏人的小東西帶在身邊把屎、把尿還要餵奶。雖然很麻煩，可是牠們真的好可愛，讓人好羡慕管理員們的這種「當媽福利」喔！

企鵝目企鵝科

國王企鵝

非全球性受威脅

學名 *Aptenodytes patagonicus*

分佈 亞南極島嶼

體長 九十四～九十五公分

黑麻糬是第一隻在臺灣誕生的國王企鵝，牠全身咖啡色的毛，看起來跟黑色麻糬很像。當然，在還是毛茸茸的時候，牠們是不可能會下水的。但是換完毛之後，牠就是不願意下水，動物園只好讓牠爸爸教牠游泳。循序漸進的游泳課是先讓牠走進沒水的水池，再開始放水。當水碰到黑麻糬的腳時，黑麻糬很明顯地想跳走。隨著水越來越高，黑麻糬的身體被水撐起來，再也站不住時，只好趴下去游幾下，證明自己會游泳，然後，等著上岸。

野生的國王企鵝，下水的目的在覓食或躲避天敵。在動物園中的國王企鵝沒有這些需求，沒事幹嘛下水呢？

獅子

食肉目貓科

學名　*Panthera leo*

分佈　非洲地區

體長　最大至三・五公尺

珍貴稀有保育類

雖然獅子是百獸之王，但是牠們大部分的時間都在休息。這不是因為在動物園裡沒事做，就算是在非洲也是一樣。因捕獵好不容易得到的能量，怎麼能夠隨便就跑來跑去、把它給消耗掉呢？

這一胎三胞的小獅子經過網路投票，被命名為萊恩班、萊恩妮、萊恩娜。雖然名字一般，但是這樣普普通通的就算了。因為在投票的預備名單中，居然有一組叫做「肉丸、貢丸、花枝丸」，真是超級囧。獅子是肉食動物，本身也是「肉」做的，怎麼可以用「海鮮」來幫牠取名字呢？

兔子

兔形目兔科

學名 *Oryctolagus Cuniculus*

分佈 寵物兔隨人類擴散到各地

體長 目前記錄到一・三四公尺

兔子是除了貓狗之外最常見的寵物，也受到非常多人的喜愛。不過由於許多寵物店的「不實宣導」，引發了不少誤會，像是「不可以給牠們喝水，喝了會因為拉肚子死掉」、或是「這是迷你兔，不會長大」等等，千萬都不要相信喔！因為，野生的兔子可以從新鮮的草中得到水分，假如在家裡是餵食粒狀飼料的話，當然一定要讓牠們喝水啊！而牠們之所以會「迷你」，是因為寵物店裡沒給牠們足夠的食物跟飲水。以為自己買的是迷你兔，帶回家裡正常餵食之後，過不了多久，相信你一定會得到一隻「正常大小」的兔子喔！

偶蹄目野豬科

臺灣野豬

學名 *Sus scrofa taivanus*

分佈 臺灣海拔三千公尺以下的地區

體長 一～一．五公尺

非保育類野生動物

臺灣野豬的寶寶在日文中稱為「瓜仔」，因為牠們小時候身上是有條紋的，看起來就跟條瓜很像。

不過就跟小鹿斑比或是馬來貘的寶寶一樣，這些動物在小時候都是媽媽離開、出外覓食的時候，會被留在草叢樹叢中，身上有斑點或條紋時，就能夠融入葉片與灑落的點點陽光之間，不容易被天敵發現。當牠們長大之後，這些斑點就逐漸消失。

食肉目浣熊科

小貓熊

學名 *Ailurus fulgens*

分佈 有兩個亞種，分別在印度東北部、尼泊爾、不丹；另一種在中國南部、緬甸

體長 五〇～六十三．五公分

瀕臨絕種保育類

二〇〇四年，東京多摩動物園跟台北動物園締結友好協定，成為友好動物園的時候，多摩動物園贈送一對小貓熊給台北動物園。發出新聞稿後，有好多媒體都很興奮地打電話問：「小貓熊？那牠們什麼時候會長成大貓熊，生小寶寶？」

動物園解釋：「牠們長得再大也不會變成大貓熊啊？牠們別名紅貓熊，長得跟浣熊有點像……」然後，動物園就被指責為什麼要混淆視聽，讓大家誤會。

其實，小貓熊的前腳也跟大貓熊一樣，有偽拇指，可以抓握物體；牠們的原生棲息地也跟大貓熊很像，在中國是鄰居，所以才會有動物學家想要把牠們分類在同一科。

松鼠猴

靈長目捲尾猴科

珍貴稀有保育類

學名　*Saimiri sciureus*

分佈　哥倫比亞與祕魯北部的安地斯山區東部到巴西東北部

體長　二十六～三十六公分

松鼠猴讓人印象最深的，是牠們的小。

由於松鼠猴本身就已經很小隻了，牠們的寶寶更小隻，小到可以從兒童動物園區的展示場欄舍中跑出來，所以在展場外面就一直掛著一塊牌子，請遊客萬一看到松鼠猴寶寶在外面的時候，也不要去摸牠們，要讓牠們回到欄舍裡的媽媽身邊。

看到牠們趴在媽媽身上的溫馨景象，誰忍心把牠們拆散呢？

偶蹄目牛科

北非髯羊

珍貴稀有保育類

學名 *Ammotragus lervia*

分佈 摩洛哥及撒哈拉西部到蘇丹及埃及

體長 一・三～一・六五公尺

北非髯羊其實就是俗稱的大角羊，牠們的角真的還滿大的，雌雄都有；但是那個「髯」就有點微妙，比一般覺得「鬍鬚」該在的位置要再低一些。這種鬃毛只有雄性才有。

牠們棲息於很乾燥的岩石、沙漠地區，只能從植物或是露水來補充水分。通常是以由一隻雄羊、加上幾隻雌羊跟小羊們的小群活動。

靈長目狐猴科

環尾狐猴

瀕臨絕種
保育類

學名 *Lemur catta*

分佈 馬達加斯加島南部

體長 三〇～四十五公分

看到狐猴，大家一定會想到動畫電影「馬達加斯加」。因為狐猴雖有不少種，卻都只分布在馬達加斯加。而對狐猴印象最深的，就在於牠們那毛蓬蓬的、毛色節節的尾巴。成年狐猴的尾巴粗粗胖胖，狐猴寶寶的尾巴則細得像鉛筆。當狐猴媽媽同時帶著兩隻寶寶的時候，牠們有的趴在媽媽背上、有的抱在媽媽肚子上，既可愛，又讓人擔心牠們一不小心會掉下來。還好，這種事情不常發生。

靈長目獼猴科

臺灣獼猴

（臺灣特有種）

其他應予保育之

野生動物

學名 *Macaca cyclopis*

分佈 臺灣海拔三千公尺以下地區

體長 五十～六十公分

臺灣獼猴是除了人類以外，臺灣原生的唯一一種靈長類。也因為牠們許多行為跟人類很相似，在動物園或野外都很受大家喜愛。

凡事都像一刀兩刃，由於喜歡牠們小時候或是吃東西時的可愛模樣，任性的人類就會無視動物園的規範或法律的規定，隨便餵牠們吃東西，或是私下飼養牠們，而當養不下去時，又棄養牠們，造成很多問題。

假如喜歡牠們的話，就更應該要保護牠們，千萬不要餵食野生跟動物園中的個體喔！

偶蹄目牛科

臺灣野山羊（臺灣特有亞種）

珍貴稀有保育類

學名 *Capricornis swinhoei*

分佈 臺灣的山麓至海拔三千五公尺，以中、高海拔原始針葉林較多

體長 八十～一一四公分

長鬃山羊現在更名為臺灣野山羊，是臺灣特有種。

牠們雖然名為長鬃，但是只要看過日本長鬃山羊，就會知道臺灣野山羊的毛短短的，完全稱不上有長鬃。

牠們能夠「飛簷走壁」，在陡峭的山壁、岩壁上跳躍攀爬，是臺灣最厲害的牛科動物。對，是牛科。沒有羊科動物喔。牛科動物的特徵之一，是頭上的角是中空的，不會脫落。

囓齒目松鼠科

大赤鼯鼠

（臺灣特有亞種）

學名 *Petaurista philippensis grandis*

分佈 臺灣山區，以中低海拔闊葉林及混生林的樹冠頂層較常見

體長 四〇公分

非保育類野生動物

大赤鼯鼠是臺灣三種飛鼠之中體型最大的。牠們棲息在臺灣中低海拔的針葉林、闊葉林中，是草食性動物。而一九八〇年代讓溪頭柳杉紅頭的罪魁禍首，就是飛鼠——因為牠們的啃咬。

牠們的名字雖然有個「飛」字，事實上卻不會飛，只會滑翔。所以牠們在移動時，很像是上上下下的描繪鋸齒型，爬到高樹、滑翔到下一棵樹的比較低處、往上爬、再往下一棵滑翔……。仔細看看牠們的臉，會發現牠們的眼睛很大，超可愛喔！

偶蹄目鹿科

山羌（特有亞種）

其他應予保育之野生動物

學名 *Muntiacus reevesi micrurus*

分佈 以八百~兩千五百公尺間的天然闊葉林較多

體長 四十七~七〇公分

山羌又叫做吠鹿，因為牠們的叫聲有點像狗叫；當然，這是見仁見智的事。牠們是臺灣最小型的鹿，幼年期身上具有白色斑點，跟梅花鹿小時候長得還滿像的。由於體型小，就讓牠們容易受流浪狗攻擊，或是人類獵捕。就連在動物園裡，跟長臂猿混養在一起的時候，都會讓長臂猿很想騎在牠們身上，對牠們惡作劇呢！

食肉目浣熊科

北美浣熊

非保育類野生動物

學名 *Procyon lotor*

分佈 加拿大南部到巴拿馬

體長 四〇～六十五公分

浣熊的原生棲息地在北美洲，但是現在牠們卻成為日本的外來種。這是由於一九七〇年代，日本把世界兒童文學名著中的《小浣熊》拍成卡通動畫，引發觀眾們飼養浣熊寶寶的熱潮，因此寵物商進口了許多浣熊寶寶。但是隨著情節的發展，小主人必須把小浣熊野放回當初撿到牠的地方，觀眾們一來因為浣熊越大越不乖，二來又看到小主人放浣熊自由，便有樣學樣地把家裡養的浣熊放到野外去，忘記牠們原本不是日本的固有種，於是，浣熊就在日本住了下來，跟日本固有的狸貓展開生存競爭。

偶蹄目長頸鹿科

長頸鹿

非保育類野生動物

學名 *Giraffa camelopardalis*

分佈 撒哈拉南部

體長 約四～五公尺

長頸鹿可說是動物園的代表性動物，因為牠們是最高的陸生動物。牠們大大的眼睛、長長的睫毛、長長的舌頭、長長的脖子、細瘦的腳和溫馴的個性（這個其實一點也不能保證），以及高到看不清頭頂究竟有幾支角的個子，都讓牠們成為小朋友很愛畫、喜歡瞻仰的動物。

牠們的脖子那麼長，並不是因為牠們的頸骨有很多塊，而是由於牠們的七塊頸骨每塊都很大所致。公長頸鹿在打架的時候，是用長脖子「鞭打」對方，很凶狠的哩！

怎麼會這麼萌？

——動物寶寶寫真書

彙編　財團法人臺北動物園保育教育基金會
文字　張東君
攝影　黃奕寧、詹德川
企畫選書　陳妍妏
責任編輯　李季鴻
美術編輯　劉曜徵
封面設計　張靖梅
行銷企畫　張芝瑜
總編輯　謝宜英
出版助理　林智萱
出版者　貓頭鷹出版
發行人　涂玉雲
發行　英屬蓋曼群島商家庭傳媒股份有限公司城邦分公司
104台北市民生東路二段141號2樓
劃撥帳號：19863813；戶名：書虫股份有限公司
城邦讀書花園：www.cite.com.tw購書服務信箱：service@readingclub.com.tw
購書服務專線：02-25007718~9（週一至週五上午09:30-12:00；下午13:30-17:00）
24小時傳真專線：02-25001990；25001991
香港發行所　城邦（香港）出版集團／電話：852-25086231／傳真：852-25789337
馬新發行所　城邦（馬新）出版集團／電話：603-90578822／傳真：603-90576622
印製廠　五洲彩色製版印刷股份有限公司
初版　2014年9月
定價　新台幣260元／港幣87元
ISBN　978-986-262-218-6

讀者服務信箱　owl@cph.com.tw
貓頭鷹知識網　www.owls.tw
歡迎上網訂購；大量團購請洽專線(02)2500-7696轉2729

國家圖書館出版品預行編目(CIP)資料

怎麼會這麼萌?：動物寶寶寫真書 / 張東君文字. -- 初版. -- 台北市：貓頭鷹出版：家庭傳媒城邦分公司發行, 2014.09
面；　公分

ISBN 978-986-262-218-6（平裝）

1.動物 2.照片集

380　　103015033